Von den Hunden und dem Wolff

GESNERUS
Redivivus, auctus et emendatus.
oder
Allgemeines
Thier-Buch,
das ist
Eigentliche und Lebendige
Abbildung
Aller vierfüssigen, sowol zahmer, als wilder Thiere,
welche in allen vieren Theilen der Welt, auff dem
Erdboden, und in etlichen Wassern, zufinden.
Sammt einer aussführlichen
Beschreibung
Ihrer äusserlichen Gestalt, innerlichen Natur und
Eigenschafft, angeborne Tugend oder Untugend,
wie auch sonderbaren und vielfältigen
Nutzbarkeit.
vormahls
Durch den Hoch-berühmten,
Hn. D. CONRADUM GESNERUM,
in Lateinischer Sprache beschrieben,
und nach ihm
Durch den Hochgelehrten
Hn. CONRADUM FORERUM, M.D.
ins Teutsche versetzt:
An itzo aber von Neuem übersehen, an unterschied-
lichen Orten verbessert, auch von den alten dunckele
und unverständlichen Redens-Arten in die heu-
tige zierliche und helle Teutsche Sprache gebracht,
und mit mehr als 100. Figuren, ausslän-
discher Thiere, sammt ihrer Beschrei-
bung, erweitert
Durch,
Hn. GEORGIUM HORSTIUM, Med. D.
FRANCKFURT am Mayn
In verlegung Wilhelm Serlin Buchhändlers
und Buchdruckers. Im Jahr 1669.

Conrad Gesner

Von den Hunden und dem Wolff

Aus *Allgemeines Thier-Buch* von 1669
mit den Holzschnitt-Illustrationen dieser Ausgabe.
Herausgegeben von Gerhild Tieger

edition tieger

Bitte besuchen Sie auch
www.edition-tieger.de

Bibliografische Information der Deutschen Bibliothek
Die Deutsche Bibliothek verzeichnet diese Publikation in der Deutschen Nationalbibliografie; detaillierte bibliografische Daten sind im Internet unter http://www.dnb.ddb.de abrufbar.

Bearbeiteter Auszug aus
Gesnerus redivivus auctus & emendatus oder allgemeines Thier-Buch / Das ist: Eigentliche und lebendige Abbildung Aller vierfüssigen / So wohl zahmer als wilder Thieren / welche in allen vier Theilen der Welt / auff dem Erdboden / und in etlichen Wassern zu finden, Ausgabe von 1669

edition tieger
Imprint der Autorenhaus Verlag GmbH

ISBN 978-3-86671-044-3

Umwelthinweis: Dieses Buch wurde auf chlor- und säurefreiem Papier gedruckt.
Druck und Bindung: Westermann Druck Zwickau
Printed in Germany

Von mancherley Gestalt und Gattung der Hunde, und zwar von jedem insonderheit

Von den Schosshündlein

Es sind vor diesem auß der Insul Melita, schöne, kleine, und zarte Hündlein gebracht worden, so von gedachter Insul den Nahmen Melitenfes auch behalten, den Unserigen Schoßhündlein, von den Franzosen aber Chiens de Bononie, (dieweil sie zu Bononien am meisten zu jetziger Zeit gefunden) genennet werden. Ihre Gestalt anbelangend, sind sie so klein und zart, daß man sie in beiden Händen verbergen kan, etliche haben lange, etliche kurtze Haar, und beschreiben sie etliche weiß, etliche schwartz. Zu unserer Zeit werden die roth- und weisse am höchsten gehalten, und wird offt ein solch klein Hündlein umb grosses Geld von den Liebhabern erkaufft, dieweil sie dem Frauenzimmer sehr angenehm sind. Damit sie aber recht klein bleiben, werden sie in enge Körbe eingeschlossen, und mit zarten Speisen uffgezogen, dann etliche nichts als Zuckerbrod und dergleichen vertragen können. Wann sie mehr als ein Junges tragen, müssen sie sterben. Dieweil die Langhärichte am meisten geliebet werden, legen die jenigen so ihnen warten, an den Ort wo sie liegen, allerley rauhe Fell, daß sie solches allezeit vor Augen haben mögen.

Von den Jagthunden, und den Rüden

Varro schreibet, daß vornehmlich zweyerley Geschlecht der Hunde sey. Eines, so man ins gemein Jagthunde nenne, welche den wilden Thieren nachjagen: Das andere aber, welches zum Hüten und Wachen geworffen, und von männiglichen erzogen werde, und diese Hunde mögen in gemein Hirtenhunde genennet werden. Unter den Jaghunden sind wiederumb etliche genaturet dem grossen Wilde nachzustellen, etliche aber den kleinen und forchtsamen Thieren, solche entweder zu fahen, oder in die Garn zu jagen, oder mit dem Geruch dem Ban nachzustreichen, oder das Wild schnelle auffzutreiben. Etliche haben allerley Tugenden an ihnen, als die, so Spühr- und Jaghunde genennet werden. Wie ein jedes Geschlecht der Jaghunden, nach der Form, Gestalt, und anderen Tugenden solle außgelesen werden, wird von Xenophonte und einem Poeten, Gratius genannt, weitläufftig beschrieben, ist unnötig, allhie zu erzählen, dieweil sich solche Eygenschafften nach deß Lands Art veränderen. Solche Wissenschafft aber kan sonst ohne Mühe und Arbeit von den erfahrnen Jägeren bey Fürsten und Edelleuthen erlernet werden.

Solche Farb wird an den Jaghunden, so dem grossen Wild nachjagen sollen, gelobt, welche dem Wild gantz gleich und ähnlich, und gar nicht scheckig ist, aber ganzt roth, weiß, schwartz, wird nicht gelobt, sondern es sollen alle Zeit umb den Kopff oder umb die Schnautze einige Flecken und Mackel gesehen werden.

Dieselbigen aber, so dem kleinen Wild, als Hasen, Küniglein und dergleichen nachjagen, sollen mit der Grösse ihres Leibs, deßgleichen mit der Farbe und Gestalt, ernandtem Wild ganzt gleich außgelesen werden.

In etlichen Ländern, als in Engelland, findet man überauß schöne, mächtige, grosse und starcke Hunde, welche das grosse Wild, als Bären, wilde Schwein, Wölff, und dergleichen angreiffen dörffen. Bey uns in unsern Landen werden die rauhe, grosse und starcke Jagthunde, (so Aristoteles Molossos nennet,) Rüden genannt. Deßgleichen werden auch auß einer Insul in Italia edle Jagthund gebracht, die man Küritzhunde oder Pantzerhunde nennet.

Ein König von Albanien soll dem grossen Alexander einen Hund von unnatürlicher Grösse geschenckt haben, welcher auch die Bären, wilde Schwein, und Damhirschen, als gegen sich geringschätzige Thiere soll verachtet haben. Es soll auch Porus dem König Alexandro einen verehret haben, welcher zween Löwen überwunden hat.

Von dem Leithund

Ein ander Geschlecht der Hunde, so der Spuhr deß Wilds mit ihrem Geruche nachstreichen, werden auff Teutsch Spürhunde, Leithunde und Schmäckhunde, von etlichen aber ins gemein Jagthunde genannt, und diese sind von Natur mit gar scharpffem Geruch begabet. Der Leithund soll an der Farb gantz weiß, und dem Wild gantz ungleich seyn, damit der Jäger nicht durch Gleichheit der Farb betrogen werde, wiewol andere schreiben, daß an der Farb nichts gelegen seye, wie dann auch an der Grösse nichts, nur allein daß sie lange Ohren, welche sie doch offt sollen über sich auffrecken, und eine auffgestützte Nasen haben sollen. Blondus schreibet, sie sollen mehr mit truckener, als mit feuchter Speise (wie die Suppen sind) gespeist werden, damit ihnen nicht die Nasen verstopffet, und sie an dem Geruch verhindert werden. Unter den Leithunden werden die jenige vor allem gepriesen, so sich halten und still stehen, wann sie das Wild außgespähet haben, und also der Herbeykunfft deß Jägers erwarten.

Es haben etliche beyderley Art und Tugenden an sich, nemblich zu riechen oder der Spuhr nachzustreichen, und so sie das Wild außgespähet haben, demselben ohne Verzug nachzujagen.

Von dem Lochhündlein

Ein anderes Geschlecht und Art von kleinen Hunden ist, so dem Geruch nachsetzen, und in die Löcher, so die Füchs und Dachsen gegraben, kriegen, dieselbige melden und heraussertreiben, diese werden auff Teutsch Lochhunde genennet, und mögen under die Leithunde gezählet werden.

Von dem Windspiel
Canis Velox. Ein Windspiel

Noch ein besonderes Geschlecht der Hunde ist, so von ihrem geschwinden und schnellen Lauffe, Windspiel genannt werden: Diese Gattung wird in dem Jagen, zu den Hirschen, Hasen, und Gemsen gebraucht. Etliche werden mit einem sonderlichen Namen, Türckische Winde, sonst aber ins gemein allesampt Hetzhunde genannt.

Von dem Vogelhund

Die Hunde, so zu den Vögeln gebraucht werden, haben solche Tugend nit von Natur, sondern werden das in gewisser Zeit mit Zucht und Streichen gelehret, allein den scharffen Geruch haben sie von Natur, sind gantz dienstlich, und bey dem Adel gebräuchlich, halten sich still, so sie das Gevögel ersehen haben, lassen sich auch mit dem Garn gar überziehen, und werden auff Teutsch Vogelhunde, und von etlichen Wachtelhunde, auch Forsthunde genannt.

Von dem Wasserhund
Canis aquaticus. Ein Wasserhund

Der Wasserhund, sonst auch Barbet genennet, ist ein sonderlich artiges, und anmuthiges Thier, und hat wunderlich holdselige Tugenden an ihm, gleich wie der Augenschein und die tägliche Erfahrung bezeugen. Unter diesen Hunden jagen etliche dem Biber, Otter und wilden Enten nach: Andere aber, wann etwas in das Wasser gefallen, oder geworffen worden, so bringen und holen sie es wieder herauß.

Von dem Haus oder Gesellhund
De Cane socio & fideli

Was für Treu und Liebe ein Hund seinem Herrn erzeige, ist hiebevor erzählet worden, und auch männiglichen bekannt. Und auß der Ursach mögen die jenige Hunde für eine besondere Art gerechnet werden, so in Häusern von den Menschen gespeiset und erzogen werden, damit, wann der Herr auß dem Hauß gehet, der Hund ihn begleite, und als ein Gesell oder Gefärte den Weg mit ihm lauffe und ihn verhüte, deßhalben er ein Gesellhund solle genennet werden: Dann von anderen, so zu der Hut, oder Streit gebraucht werden, wird bald hernach absonderlich gehandelt. Viel lustige Historien werden von der Hunde ihrer Treu von etlichen alten Geschichtschreibern erzählet, welche aber umb geliebter Kürtze willen unnöthig sind, allhie anzuziehen, dieweil auch die Erfahrung solches täglich beweiset.

Von dem Schirm- oder Streithund
Canis bellicosus & hominis defensor

Es werden etliche Hund zu der Menschen Hut, und zum Streit erzogen, wie auch den Mördern nachzustreichen, diese sollen groß, dürr und scheußlich, darbey aber starck und verwegen seyn, daß sie auch wider bewaffnete Leuth zu kämpffen und zu streiten angeleitet werden: Sie sollen keine anderen Menschen erkennen, und keine andern liebkosen, als allein ihren Herren, sich auch von keinem antasten lassen, und allein auff ihren Herren sehen und seiner hüten. Zu dem Streit werden sie mit Kunst erzogen und abgerichtet.

Alexander Pheraeus, ein grosser Tyrann in Thessalia, soll einen überauß grossen und scheußlichen Hund erzogen haben, der jedermanns Feind gewesen, außgenommen derjenigen nicht, so ihm Speyse dargeworffen: Solchen Hund hat er zu einem Thürhüter oder Wächter seiner Schlaffkammer gehalten, dieweil er sich für den Leuten, von wegen seiner Tyranney, nicht sicher wuste. So haben auch den König der Garamanten, als er ins Elend verwiesen ward, zwey hundert Hunde auß dem Elend wieder in sein Reich bracht, so treffliche Gegenwehr haben sie gegen seine Feinde gethan.

Von den Hirten- oder Schaaff-Hunden Canis pastoralis. Ein Schaaffhund

Von den grossen und starcken Hunden, werden etliche absonderlich darzu erzogen, daß sie daheim zu Hauß, die Ställe, und ausserhalb dem Hauß, das Vieh so auff der Weyde vor Gefahr und Schaden verhüten sollen, diese werden gemeiniglich Schaafhunde genennet: Und unter diesen Hunden, so zur Hut gebraucht werden, verhüten etliche das Vieh, etliche den Meyerhoff, und etliche besondere Häuser. Der Schaaffhund soll starck, mächtig von Leib, muthig und frech seyn, und ein scheußliches Bellen haben, von Farb soll er gantz weiß, und haaricht seyn, gleich wie die Schaafe, damit solch Vieh nicht ein Abscheuen vor ihm habe, und er gar leichtlich vor dem Wolff möge erkannt werden, damit im Dunckeln unnd Finstern nicht der Hund an statt des Wolffs angegriffen oder getödet werde. Die Scheckigen oder Gefleckte werden gantz verworffen. Der Schaafhund nun soll seine Heerd und Hirten artlich erkennen, und den reissenden Thieren, Dieben, und anderen so Schaden bringen wollen, nachstellen. Der Halß soll ihm mit einem Halßband voll eysermer Spitzen verwahrt werden, damit er nicht so bald möge verwundet, und dardurch in Gefahr deß Lebens gebracht werden.

Noch ist eine andere Art von Hunden, so die Meyerhöff und die Schiffe verhüten

Diejenige, so zur Hut und Beschirmung der Meyerhöffe gebraucht werden, sollen in alleweg scheußlich, und darzu fetter und schwerer, als die, so das Vieh verhüten, eine scheußliche Stimm und Ansehen, wie auch, einen scheußlichen Kopff, gantz schwartze Farb, und kurtzen Leib haben, daß sie nicht allein mit ihrem Geschrey, sondern auch mit der grausamen Gestalt, die Diebe und Schelmen verjagen mögen. Gleicher Gestalt soll auch der seyn, so zur Hut der Ruder, der Schiffe, und Kaufmans-Güter in den Schiffen gehalten wird.

Es werden auch etliche Hunde sonst von gemeinen Leuten gehalten, damit das Hauß vor Dieben, oder anderen auffsätzigen Leuthen möge verwahret seyn. Ist bey den Alten ein gemeiner Brauch gewesen, wird auch noch bey unsern Zeiten von vielen gebraucht. So viel sey von solchen Hütern und Wächtern, so gantz nit stumm seyn, gnug gesagt. Hierauff folgen.

Etliche sonderliche Geschlechte frembder Hunde, mit ihrer eygentlichen Abbildung Canis Britannicus. Ein Schlatthund Sive: Scoticus, furum deprehensor. Ein Bluthund

Von seiner Gestalt, Art und Natur

Dieser vergleichet sich gar wol dem Englischen Bluthund, so hernach folget, und scheinen auch eynerley Art zu seyn. Soll sonst nicht grösser seyn, dann der Schottische Brack oder Spühr- und Schmeckhund: Er ist mehrentheils roth, mit schwartzen Flecken, oder ist schwartz und mit rothen Flecken besprengt. Eine solche Art hat er an sich, daß er dem gestolenen Gut, und den Dieben mit seinem Geruch oder Geschmack, so lang nachsetzt, biß er den Dieb ereylt hat, und mit Macht angreiffen könne. Und ob gleich der Dieb (den Hund zu bekriegen) über ein Wasser oder Fluß entflohen, so schwimt er doch am selbigen Orth, wo sich der Dieb ins Wasser gelassen hat, hindurch, und laufft so lang hin und her, biß er mit seinem Geruche deß Diebes Spuhr wieder gefunden, und dem Diebe das gestolene Gut abgejagt hat.

Von dem Britannischen Jagthunde
Canis Britannicus. Ein Greuhund. Venaticus. Ein Jagthund

Von seiner Art und Natur

Dieser soll den allerschnellesten Lauff haben unter allen Hunden, ist gantz frech und keck, nicht allein in das Wild, sondern auch in die Feind und Mörder zu setzen, wann er angehetzt wird, oder siehet, daß sein Herr oder der Leitmann beleidiget wird. Ist der edelste und schönste unter allen Jagthunden.

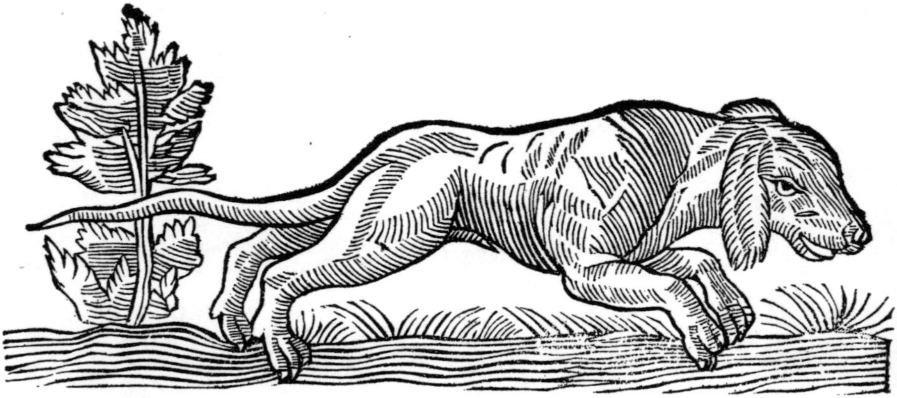

Von dem Britannischen Schmeck- oder Spühr-Hunde Canis Britannicus. Ein Brack. Ein Schottischer Wasserhund

Von seiner Art und Eygenschaft

Dieser Hund ist auch von einer besondern Art der Schmäck- oder Spühr-Hunde; Dann er nicht allein die Vögel und wilden Thier, sondern auch die Fisch in den Wasseren, zwischen den Felsen und Schropffen, mit seinem Geruch außspähet und anzeiget.

Von dem Englischen Bluthunde.
Canis sagax sanguinarius apud Anglos

Von seiner Art

Dieser soll gantz einerley Gestalt, Art und Natur seyn mit dem Obigen, so unter diesen vieren die erste Stelle hat, und den Dieben nachspühret.

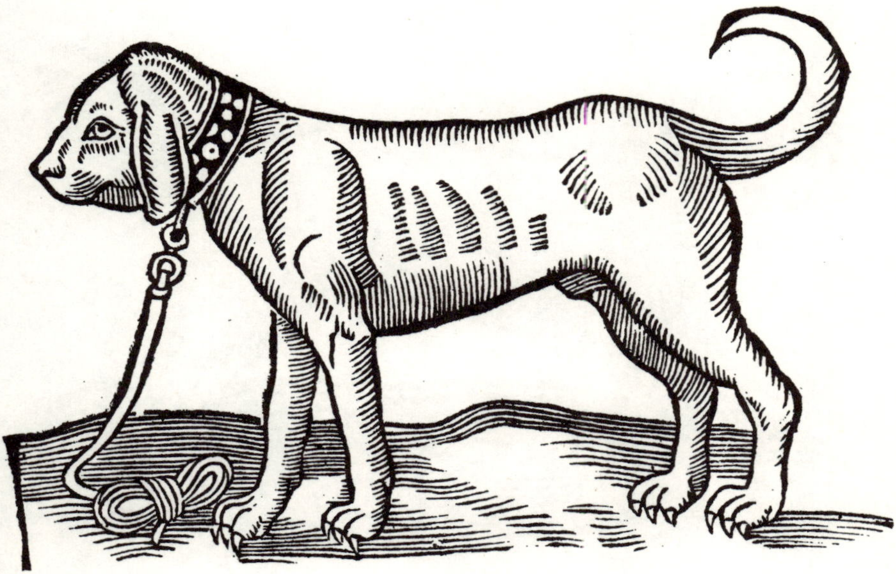

Von dem Englischen Vogelhunde
Canis Aviarius, Campestris. Ein Vogelhund

Von seiner Art und Eygenschafft

Diese Hunde pflegen die Englische Edelleuthe zu dem Vogelfang zu gebrauchen, als Fasanen und Rephüner, welches Jagen sie mit dem Falcken verrichten, oder nach der Edelleuthe Gebrauch und Gewonheit, Habicht. Solche Hunde werden von allerley Farben gesehen: Doch ist der mehrere Theil weiß, und so sie etwann Flecken haben, so seyn ihrer doch wenig, aber groß und roth sind die Flecken. Bey den Engelländern hat dieser Hund keinen sonderlichen Namen, als allein von dem jenigen Vogel, dem er von Natur am meisten nachhängt und nachspühret.

Von dem Engelländischen Wasser-Hund Canis Aquarius, Aquaticus. Ein Wasserhund

Von seiner Gestalt, Art und Natur

Viel grösser ist dieser, und hat über den gantzen Leib viel längere Haar, als der vorbeschriebene Vogelhund, ist den Hunden, so man auff Französisch Barbet nennet, gantz ähnlich, aber von angeborner Art also genaturet, sonderlich wann er ein wenig angeleitet wird, daß er dem Wassergevögel nachspühret und nachjaget. Allhie in gegenwärtiger Figur ist er also vorgebildet, wird aber von den Engelländern von den Schultern an biß zum Schwantze beschoren, damit er im Schwimmen desto geschwinder fortkommen könne. Die Engelländer nennen ihn *A Watterspagnelle.*

Andere Art Indianischer Hunden: Ytzcuinteporzotli Canis Mexicana. Ein Indianischer Hund

Dieses Thier beschreibt Fabrus Lynceus, so nach abgebildter Figur einer Mißgeburt nit ungleich ist: Dann wann man den Kopff betrachtet, ist er so klein, daß er nach Proportion deß Leibs noch so groß seyn solte. Seine Augen bezeugen gantz keine Grausamkeit, sondern vielmehr ein zahmes Thier, die Naß welche hockerigt und einer Hundsnaß gleichet, ist gantz weiß, wie auch die Stirn und Augenbrauen: Seine Hangohren sind gelb, hat einen kurtzen und fetten Halß, daß es scheinet, als stünde der Kopff ohne Halß am Leib, und hat einen Buckel anff dem Rücken, welcher gelb von Farben, wie ein Kamehl, einen gantz kurtzen weissen Schwantz, grosse Hangbrüste, derer sechs gemeiniglich in acht genommen werden, und einen fetten Bauch, welcher voll schwartzer Flecken ist, die Beine aber und Füß sind weiß mit langen Klauen.

Noch ein andere Art von Indianischen Hunden, wird bey Jonstono abgemahlet, so nicht so abscheulich, und dem Unserigen mehr gleich siehet, wie auß nebenstehender Figur mit mehrerm zu ersehen.

Von dem Hockerhund
Canis Getulus. Ein Africanischer Hockerhund
Eine Art der Hunde auss Africa

Von seiner Gestalt und Natur

Dieses ist eine sonderliche, wunderbarliche und seltsame Art von Hunden: Sie werden viel und gemeiniglich in dem Theil der Welt, Africa genannt, gefunden, und von dannen in unsere Landschafften, sonderlich in Britannien geführt: Dieser Hund hat einen kurtzen dicken, gebogenen oder krummen Leib, auch wann er gehet, einen kurtzen, oder beynah keinen Halß, lange Beine, aber einen kurtzen, und fast gar keinen Schwantz, bellt wie ein Hund, tritt einher wie ein Aff, und hat eine schwartze Schnautze, wie ein Igel.

Aegyptischer Fürst

Die Alten haben den Regenten die Wachsamkeit und Beschützung der Underthanen durch die Hunde eingebunden, daß sie vor ihre Underthanen wachen, und sie wider die Feinde beschützen sollen, wie Plato es weitläufftig außführet, dannenhero auch die Aegypter ihren Mercurium Trismegistum, so ihr Fürst gewesen, mit einem Hundskopff angemahlet, weil er sonderlich Weißheit, Stärcke und Klugheit in der Regierung gebrauchet, wie zu sehen auß deß Stefanonij beygesetzter in Edelgestein befindlichen Figur.

Von den Hunden

Von innerlicher Beschaffenheit der Hunde

Ein Hund ist dem Menschen unter allen Thieren am getreuesten unnd dienstfertigsten, und zu mancherley Nutz und Gebrauch erschaffen, aus welcher Ursach dann auch allhie desto weitläufftiger von solchem Thier soll geschrieben werden.

Von den Jungen sollen die für die edlesten Hund geachtet werden, so zuletzt ihre Augen aufffthun und eine runde, harte und schier stumpffe Nasen, aber zimblich lang Haar haben: Dann gar zu viel und dick Haar wird auch nicht gelobt, weil viel Unrat und Räude auff der Haut zu wachsen pflegt.

Der Hund soll allein zween Zäne verlieren, so man mit dem Namen Hundszäne heisset: Wiewol die, so von solchem Thier geschrieben haben, der Sache noch nicht eins sind, dann etliche wollen, daß nit nur solche zween, sondern auch die anderen alle außfallen und wieder wachsen. Ihr Alter kan auß den Zänen erkannt werden, dann in der Jugend sind sie weiß und scharpff, im Alter aber ziehen sie sich auf schwartz und werden stumpff.

Etliche schreiben, daß des Hundes innerliches Eingeweid und Gedärme, deß Löwen seinem Gehenck oder Geschlinge gleich seyn solle; Sonst hat er einen kleinen engen Magen, nicht viel grösser dann sein Affterdarm, welcher oben weit, unden aber beym Außgang eng ist, und auß der Ursach drücken sie so hefftig, wenn sie ihre Notturfft thun. Die vorderen Tappsen sind in fünff Klauen getheilet, die hindern aber in vier. Im übrigen ist der Hund ein warm und hitziges Thier an und für sich selbst zu rechnen.

Von Natur und Eygenschafft der Hunde

Die Hunde, so Laconici genennet werden, und wie Aristoteles schreibet, von Hunden und Füchsen gemischt seyn, erstrecken ihr Leben biß auff 10. Jahr: Die anderen aber gemeiniglich biß auff 14. etliche biß auff 20. Jahr.

Des Hundes Stimm wird genennet Bellen, wiewol er auch zu Zeiten heulet und greinet. Die Hund traumen auch in ihrem Schlaffe, dann bißweilen fangen sie an in ihrem Schlaff und Ruhe zu bellen.

Die Hunde, Ochsen und andere Thiere weissagen eine künfftige Pestilentz, Erdbeben, schön Wetter und Fruchtbarkeit deß Erdreichs zuvor, wie AElianus meldet, und ist je einer naßweisser dann der andere, aber die Jagthunde übertreffen alle andere mit Verschlagenheit und Geschwindigkeit.

Die Hunde, es seyen Weiblein oder Männlein, heben gemeiniglich an zu zehlen oder lauffig zu werden, wann sie järig worden sind, wiewol bißweilen die Weiblein schon im achten Monat anheben. Columella, da er von Hunden schreibet, giebt den Rath, man solle sie, es seye gleich welcherley Geschlecht es wolle, zu solchem Wercke, eh sie jährig worden, nicht zulassen, dann es benehme ihnen ihre Stärcke, Geschwindigkeit und Schönheit. In dem Hornung ist ihre Zeit zu zehlen, oder zu lauffen, und hundeln, oder wölffen und werffen erst im Sommer, wann der Tag am längsten ist. So bald der Hund anfängt mit auffgehobenen Beinen zu seichen, so fähet er auch an zu den Hündinnen fähig zu seyn. Die Hündin trägt ihre Geburt nimmer weniger dann 60. underweilen auch 62. auch 63. Tage, und hebt erst 6. Monat nach der Geburt wieder an zu zehlen.

Es schreibt Aristoteles, daß sie bißweilen den sechsten Theil deß Jahrs, das ist zween Monat, bißweilen den fünfften und bißweilen auch den vierdten Theil, das ist drey Monate tragen, und gemeiniglich 5. oder 8. oder zum höchsten 12. Junge werffen, jezuweilen auch nur eins allein, welches aber eine Wundergeburt seyn soll, wie auch wann lauter Männlein oder lauter Weiblein geboren werden. Albertus meldet, er habe eine schwartze und grosse Hündin gesehen, welche den ersten Wurff 19. den andern 18. und den dritten 13. Junge geworffen habe. Die kleinen Schoßhündlein werffen gemeiniglich nur eines allein, und das von wegen ihres kleinen Leibes. Sie alle bringen ihre Jungen blind zur Welt, unnd jemehr Milch dieselbigen finden, je später sie die Augen aufffthun, doch währet es niemals über 20. Tage, und vor sieben Tagen bekommen sie auch ihr Gesicht nicht. Etliche sagen, daß wann einer allein geworffen werde, so bekomme er sein Gesicht am 9. Tage: Wann aber zween, so bekommen sie es am zehenden, wann drey, am elfften, und jemehr der Jungen seyen, je später ihnen die Augen auffgehen.

Unter den Jungen, so an Tag kommen, ist der, so zu erst geworffen wird, dem Hundsvatter am ähnlichsten und gleichsten, auß sonderbarer Schickung der Natur, massen auch derselbige von der Hündinne vor den andern gehebet wird. Die übrigen aber einer nicht also, und auch nicht einer wie der andere.

Das Alter nimpt auch den Hunden ihre Fruchtbarkeit hin, und sollen sie es gemeiniglich treiben biß auf zwölff Jahr, wiewol etliche Arten der Hunde auch biß auf zwanzig Jahr fruchtbar seyn sollen. Columella spricht, daß die Hündinne biß auff neun Jahr zu hundlen tüchtig, aber nach zehen Jahren ganz unnütz seyen.

Die Hundsmilch ist dicker als anderer Thiere Milch, sie haben ihre Milch fünff Tage ehe sie werffen: Werden am allerbesten mit Matten gespeiset.

So bald die Hündin gehündelt hat, soll man die schönsten Jungen außwählen, und die anderen hinweg thun, damit die, so außgelesen worden, desto mehr Nahrung haben können, und diese sollen der Hündinne zween Monat lang gelassen werden.

Zu der Stärcke werden die Schwersten under den Jungen außgelesen, zu der Geschwindigkeit aber je die Leichtesten: So werden auch die für anderen außerwählt, so zum ersten von der Hündin in das Nest wieder getragen werden, oder die, so zu letzt anheben zu kotzen. Andere heissen die Jungen also außlesen:

Man macht einen zimblichen weiten Ring mit kleinem dürren Holtz, legt die Jungen mitten darein, zündet das Holtz an und läst dann die Hündin lauffen, so trägt sie je den edlesten und besten zum ersten, den Geringsten aber zuletzt auß dem Feuer.

Von Kranckheiten der Hunde, und womit dieselbigen zu vertreiben

Ob wol von etlichen Alten allein dreyerley Kranckheiten, in welche die Hund fallen, gezählt werden, nemlich das Wüten, Sträglen und Podagra: So werden doch von andern Aertzten mehr andere Gebrechen der Hunde angezeigt, wie auß nachfolgendem zu vernehmen.

Die Wunden und Geschwär, so ein Hund selbst belecken kan, die heilt er ihm selber: Wo er sie nicht belecken kan, sollen sie mit anderer Artzeney geheilet werden, wie die Wunden an den Menschen: Sind Würme darinn gewachsen, sollen sie mit Hünerdarmsafft gereiniget werden: So sie geschwollen sind, soll die Wunde mit Oel bestriechen, oder Schmär und Brunnenkresse undereinander gestossen und als ein Pflaster auffgelegt werden.

So ein Stachel, Dorn, Angel oder ander spitziges Ding ihm in seine Tappen kommen, soll Roßhuff mit Schmär gestossen und auffgelegt, oder junge Schwalben gantz in einem irdenen Hafen zu Aeschen gebrannt, und mit Schmär auffgelegt werden.

In den hindern Beinen wachsen ihnen bißweilen Würme, die sollen mit Pferschlaubsaff vertrieben werden.

Einen räudigen und schäbigen Hund wäschet man mit gekochten welschen Feygbonen, Lupini genannt, oder mit gesottenem Erdrauch, oder Lendi-Wurtz, oder man macht eine Salbe von Quecksilber, Schwefel und Nesselsaamen, jedes gleich viel, und nimpt so viel Schmär darzu, als alle diese drey Stücke sind.

Wann die Hunde voll Flöh sind, sollen sie mit Oel bestriechen werden, dann die Flöhe fliehen das Oel. Die Läuß aber vertreibt das Quecksilber, doch muß man zusehen, daß es von dem Hund nicht beleckt werde. Die Holtzböcke vertreiben die bittern Mandelkerne, oder wann man den Hund mit gesaltzenem Wasser wäschet und hernach mit Essig bestreichet.

Daß die Fliegen im Sommer den Hunden die Ohren nicht zerfressen, sollen sie ihnen mit bittern Mandelkernen gerieben werden.

Wann die Brämen, Wespen oder Hürnüsse einen Hund gestochen haben, soll ihm geknitschte Rauten auß Wasser auffgelegt werden.

Hundskappes, weisse Eberwurtz, schwarze Eberwurtz, Wasserpfeffer, Rosenbaum, weisse Nießwurtz, Nux vomica, Wasser von gesottene Spargen, alle diese Sachen tödten die Hund, so sie ihnen in der Speiß fürgeworffen werden: Solches thut auch der Rauch oder Dampff von dem Bley.

Wann ein Hund ohne Hunger abnimbt, so soll er mit Ancken oder Raum, und Butter, einmal oder drey wol gesättiget werden, wann er davon nicht wieder zunimbt, so ist es ein Zeichen daß er Würme unter der Zungen hat. Von diesem Wurm aber ein mehrers zu schreiben, so bekommen zuweilen die Hund unter der Zungen ein lang weiß Gewächs wie ein Wurm, welche Kranckheit gemeiniglich erkannt wird, wann sie alles, was ihnen vorkompt, entzwey beissen, dem aber die Jäger insonderheit wol helffen können, und mit leichter Mühe herauß schneiden, wo aber solches nicht geschiehet, werden die Hunde leicht doll, und können gar davon sterben, es vergleichen solches viel, und vermeynen, daß es ein Nerv seye, dieweil aber solches der Vernunfft zuwider, ist vielmehr zu glauben, daß dem Hund etwas unter der Zungen wachse, wie bey dem Menschen, so Ranula gleichsamb wie ein Frosch unter der Zungen Beschwerung giebet.

Trieffende Hundsaugen soll man mit warmen Wasser abwäschen, und hernach das Weisse von einem Ey mit Mehl, als ein Pflaster, darüber schlagen.

Für dumme oder übelhörende Ohren, welches daher abzunehmen, wann der Hund träg und faul ist, soll Rosenöl mit Wein gemischt, und ihm deß Tags dreymahl in die Ohren gestreifft werden: So aber Würm in den Ohren gewachsen wären, soll ein Schwamm gestossen, mit dem Weissen vom Ey gemischt, und in die Ohren gelegt werden.

Die Hund bekommen auch den Rangen, und sterben mehrentheils alle an dieser Kranckheit.

So der Hund den Athem nicht wol ziehen kan, so soll ihm das Ohr durchstochen werden.

Wann einem Hund ein Bein im Halß steckt, so soll man ihn bey der Nasen ergreiffen und ihm dieselbige gegen der Brust drucken, und dann ihm Oel oder Wasser und Oel in den Halß giessen, damit er huste.

Für den Husten soll man ihnen Wein durch die Nasen einschütten: Den Durchlauff der Hunde stillt aller harter Käß, in den Speiß vorgeworffen.

Wann der Hund kranck ist, und er sich zu voll und überladen befindet, so sucht derselbe ein Kraut, frisset es, und kotzet alles wieder herauß: So sie Würm haben, fressen sie die grünen Blätter vom Weitzen.

Dieses sind diejenige Kranckheiten sampt ihrer Artzney, wie sie von anderen (ohne die obigen drey) beschrieben und hiesiges Orts auff das kürtzeste angezogen werden, bloß und allein umb deren willen, so sich deß Wilds und deß Jagens gebrauchen oder sonst Hunde haben müssen.

Daß ein Hund nicht von dir fliehe, sondern bey dir bleibe, so schmier ihm den ganzen Leib von dem Kopff biß zu dem Schwantz mit Butter oder Ancken, und gieb ihm auch Ancken oder Butter zu lecken: Oder daß dir ein Hund nachfolge, so siehe zu, daß du eine Nachgeburt von einer Hündin bekommest, dieselbige dörre, binde ein Stücklein in einen Lumpen und laß den Hund daran riechen.

Von natürlicher Neygung und Geschickligkeit der Hunde

Der Hund übertrifft viel andere unvernünfftige Thier mit sonderbaren Tugenden und Geschickligkeit: Dann sie erkennen, lieben und bedienen die jenige vor allen anderen, von denen sie gespeiset und erzogen werden: Sie haben auch einen sonderbaren Verstand: Dann sie kennen und verstehen ihren Nahmen und mercken es bald, wann man ihnen rufft, ja ob sie schon lange Zeit ihren Herrn verlohren haben, so erkennen sie ihn doch wiederumb: Sie bewachen ihren Herren und streiten für ihn, für deren seinen Nutz, und wenden ab, was ihm schädlich seyn will, auch wann sie schon vom ihrem Herren geschlagen worden, so kehren sie doch wieder zu ihm, und da sie schon zum andern mahl weggejagt worden, so lassen sie doch nicht nach wieder zu kommen.

Sein edel und hochgesinnetes Gemüth erzeigen die Hund in dem, daß sie die nicht angreiffen, so sich vor ihnen demütigen: Dann so ein Mensch auff den Boden sitzt, assesi den Zorn fahren, beissen auch keinen anderen Hund, der sich vor ihnen nidriget.

AElianus in seinem Buch so er von den Thieren geschrieben hat, meldet, der Hund können auch ein Ding bey sich erwegen und ermessen, gleich als ob er vernünfftig wäre: Dann als auff eine Zeit (schreibt er) ein Jagthund einer Hasen-Spuhr nachjagte, und aber den Hasen nicht ersahe, und in dem Lauff zu einem Graben kam, zweiflete er, ob er auf der rechten oder lincken Seyte deß Grabens nachjagen sollte, und stund also eine kleine Weyl im Zweiffel: Aber nachdem er die Sache erwogen, daß der Haas hinüber auff die andere Seyte müste gestriechen seyn, weil keine

Spuhr oder Tritte mehr vorhanden, so sprang er über den Graben hinüber, jagte dem Hasen weiter nach, unnd kriegte auch denselbigen zu fangen.

Die Stimme ihres Herrn erkennen die Hunde gar eygentlich, folgen auch derselbigen, so sie gehetzt oder angereitzt werden, als ob sie Menschen-Verstand hätten.

Es sollen auch etliche Hunde über die Ehebrecher mächtig verhast seyn, wovon AElianus in seinem Thierbuche eine besondere Historie erzählet, wiewol dieselbige mehr der Hunde Wachsamkeit und Treue, nach welcher sie bald mercken, wann etwas Frembdes oder sonst Unrath im Hause vorhanden ist, als ihrem Verstande, womit sie einen Ehebrecher von einer andern Person sollten zu unterscheiden wissen, zuzuschreiben: Dann sonst hätten die Hunde in manchen grossen Stätten viel zu bellen. Es beschreibt aber offtermeldter AElianus erwähnte Geschichte mit folgenden Umbständen: Als einsmahls eine Ehebrecherin hörte, daß ihr Mann alleweil nach Hause kam, verbarg sie ihren Buhlen eylends heimlich und (wie sie meynete) gar wol in ein Gemach, hatte auch schon die Knechte und Diener auff ihrer Seyte, und zu ihrem bösen Vorhaben mit Gelde bestochen, die dann das Ihrige treulich darbey thaten. Aber aller dieser Betrug und List wollte doch nichts helfen: Dann es war ein eintziges Schoß-Hündlein im Hause, das stellet sich vor die Thür deß Gemachs, darinnen der Ehebrecher war, und hörte nit auff, an der Thür zu kratzen und zu bellen, biß der Herr hinzu kam, welcher sich darüber entsatzte, und ihm gleich die Gedancken machte, es müste was Böses darinnen verborgen seyn. Als er aber die Thür aufffthat, fand er den Hurer und Mörder darinnen, welcher sich mit Gewehr versehen hatte, ihn, den Haußherrn (der mit dem Weibe gepflogener Abrede gemäß) auff künfftige Nacht umzubringen, und alsdann die Ehebrecherin zur Ehe zu nehmen. Aber mit Hülff deß Hündleins erhielt der Haußherr für diesesmal noch sein Leben.

Über das ist ein Hund auch ein so gelehriges Thier, daß er zu allerhand Künsten und Possen kan abgerichtet werden, so man ihn nemblich mit guter Speiß belohnt, wann er gehorchet, und hingegen strafft, wann er fehlet: Sie lernen tantzen, betten, dienen, alle Ding auffheben, etwas auff der Erd und auch auß dem Wasser holen, nachtragen, sterben, schlaffen, künstliche Sprünge machen und sonst sich artlich stellen, nachdem man sie gewöhnet, wie der tägliche Augenschein und die

Erfahrung bezeuget, auch in nachfolgender Erzählung, bey eines jeden Geschlechts Beschreibung, soll angezeiget werden.

Von Nutzbarkeit dieses Thiers

Eine solche treue Hut und Wache der Hunden, ein so liebliches Schmeichlen und Schwäntzlen, einso hefftiger Haß gegen die Fremde, eine so vorsichtige und gleichsam weissagende Verschlagenheit, ein so hurtige Geschwindigkeit im Jagen, was sollen alle diese Dinge anders bedeuten, fragt Cicero, als daß sie zu dem Nutz und Gebrauch der Menschen erschaffen? Aber von solchen Tugenden wird hernach weiter gehört werden. So ein armer Mann einen Hund hat, so bedarff er keiner anderer Knechten mehr.

Ein weisses Aederlein haben die Hund in ihren Schwäntzen, solches soll ihnen außgerissen werden, so wächst der Schwantz nicht zu lang, und sollen die Hunde darnach nicht wütend werden.

Etliche schütten Hundskoth mit stinckendem faulen Urin umb die Zweyge, so nicht sollen von dem Vieh angetastet werden. Auß solchem Koth machen etliche Gerber deß Leims, die Fell damit zusammen zu leimen.

Vom Fleisch dieses Thiers

Die jungen fetten Hunde, vornemblich die, welche verschnitten worden, werden von etlichen Völckern zur Speiß genommen: Wiewol in unsern Landen jedermann ein Abscheuen vor solchem Fleisch hat; Selbiges soll sonst seiner Art und Natur nach dem Hasenfleisch nicht ungleich seyn.

Man hat auch die jungen fetten Hunde, wie auch Katzenfleisch vor alten Zeiten den Göttern auffgeopffert.

Petrus Martyr meldet, es seye in dem Theil der Welt, so man die neue Welt nenne, eine Insel, in welcher Hunde seyn sollen, welche nicht bellen und scheußlich außsehen sollen: Und doch sollen sie, gleich wie die Zieglein oder junge Geyssen gemetzget und von vielen gegesset werden.

In India sollen Leute seyn, welche von der Hundsmilch leben, und deßwegen mit dem Zunahmen Hundsmelcker genennet werden.

Von Artzneyen, so ins gemein von den Hunden zu etlichen Kranckheiten gebraucht werden

Die Schoßhündlein, auff den Bauch gelegt und gehalten, sollen das Bauchwehe vertreiben.

Für erlahmte Glieder wird eine Salbe von den jungen saugenden Hündlein zubereitet, auff diese Weise: Sie werden in einem Hafen gesotten, biß das Fleisch von Beinen fället, wann dann die Brühe kalt worden, wird das Fett, so oben auffschwimmet, abgefeimbt, und der Ruckgrad und die lahmen Glieder darmit geschmieret, es soll sehr gut seyn.

Hundsblut macht das Haar außfallen. Die Aesche von dem gebrannten Hund mit Oel angestriechen, macht schwartze Augbrauen: Sein Blut wird getruncke unnd sein Fleisch genossen für den Biß der wütenden Hunde. Plinius schreibet, daß nichts köstlichers seye wider das Gifft, als Hundsblut, getruncken soll es auch gut für das Zittern seyn.

Hundsfett oder Schmaltz mit altem Oel und Wermutsafft in die Ohren gestreifft, bringe das Gehör wieder, für sich selber allein aber ist es gut für das Podagram, und angestriechen vertreibt es die Mertzflecken im Angesicht.

Hundshaar auff den Hundebiß gelegt, ist eine bewehrte Artzney. Die Aesche aber von einem gebrannten Hundskopff ätzt und beist auß alle Mißgewächs und heilt sie, ist auch gut, wann sie auff den Brand und auff den wütenden Hundsbiß gestreuet wird, verhütet vor Gefahr deß Wassers: Deßgleichen ist sie getruncken gut für die Geschwär an den Gemächten, unnd für die Mängel und Gebrechen im Geseß ist solche Aesche sehr köstlich: Im Meth getruncken vertreibt sie die Gelbsucht.

Die Aesche von gebrannten Hundszänen mit Butter auf die Bilderen oder Bällerichen im Munde geschmieret, macht den Kindern ohne Schmertzen Zähne, oder solch Pulver in Wein gesotten, und den Mund damit gegurgelt, vertreibt das Zahnwehe.

Hundsgall mit Kalbskoth gemischt, vertreibt die Flecken und Macklen im Angesicht, Item mit Honig vermengt, ist sie gut für die Gebrechen der Augen. Von Hundsgall oder Hundsmilch einen dritten Theil eines Quintleins, und auch eben so viel des besten Honigs, untereinander gerieben und gewärmet, und in die Ohren gegossen, soll für allen Gebresten der Augen gut seyn.

Hundsmiltz gebraten und gegessen, soll gut seyn für die Gebrechen deß Miltzes.

Die Hundsmilch an solche Orte gestriechen, da man die außgeraufften Haar nicht will wiederumb wachsen haben, ist gut, und in die Ohren gestreifft, benimpt sie den Schmertzen der Ohren. Hundsurin frisch angestriechen, vertreibt die Wartzen.

Becherus fasset alles in folgenden Versen zusammen:

1. Ganz lebendig muß er vom Koth gesäubert seyn, Gelegt auff den Bauch, hält er das Darmgicht ein.
2. Die Haut gegerbet, und nur Handschuch drauß gemacht, Hilfft diesem, der nach schön und linden Händen tracht.
3. Die Haar von diesem Hund der da gebissen hat, Geleget auff die Wund, so heylet er die That.
4. Wann man mit Hundes-Harn wäscht alt und neue Schrunden, Er trocknet kalte Flüß, und heilet feuchte Wunden.
5. Der weisse Hundes-Koth mit Rautensafft vermengt, Ein Löffel voll hilfft dem, den Wind und Bauchweh trängt.
6. Ein Wunde reinigt er, wann sie wird mit gewaschen, So man ein Hundes-kopff verbrennet zu der Aschen.
7. Sie machen weisse Zähn, und reinigen den Mund, So man zur Aschen brennt die Zähne von dem Hund.
8. Zerlassen Hundes-Fett das macht gelinde Glieder, Wann man sich darmit schmiert, und reibt es hin und wieder.
9. Hunds-Gall getrockenet, und in Bier genommen, Zwey Drachmae stellen Kopf- und Augenschmerzen ein.
10. Wo man ein Löffel voll trinckt von dem Hundes-Blut, So ist es vor das Giefft und böse Seuchen gut.

Vom Hundskoth

Der Hundskoth soll von solchen Hunden gesamblet werden, so drey oder vier Tage allein mit Beinen gespeist worden, derselbige wird hart, weiß und gantz nicht stinkkend.

Dieser nun gepülvert, wird nützlich gebraucht für die Bräune, rothe Ruhr, und andere gar alte Schäden und Gebrechen. Mit Coriandersafft gemischt und angeschmieret, heilet er die rothe Geschwulst (sonst auch die Rose und das Rothlauff genannt) mit Honig angestriechen, die Bräune und rothe Geschwulst deß Rachens, das Pulver zu einem Zäpflein gebraucht, heilet die Gelbsucht, mit Wein oder Wasser getruncken, stillt es den Bauchfluß.

In Milch, (so von Kißlingsteinen gewärmt worden) gemischt und getruncken, ist es für die rothe Ruhr eine bewehrte Artzney, auch ist es getruncken gut für die Wassersucht, und mit Gilgenblumenwasser gemischt, für die Mutter, mit Rosenöl für die Gebrechen im Hindern.

Vorgedachter Hundskoth zu Aesche gebrannt, und mit Wachs, oder Rosenöl, oder nur bloß allein für sich selber auffgelegt, vertreibt allerley Wartzen.

Hundskoth und Menschenkoth denen so die Bräune haben, auff den Halß auffgelegt, soll eine bewehrte Artzney sein: Etliche brauchen hierzu allein den Hundskoth mit Aesche von gebrannten Schwalben.

Die Feygwarzten, so an dem Geseß wachsen, soll man also vertreiben: Der obige Hundskoth und Knoblochs-Blätter sollen auff einem Herde zu Pulver gebrannt werden werden. Alsdann soll man die Feygwartzen mit Schmär bestreichen, und hernach das Pulver von den gebrannten Blättern, und zuletzt auch das Pulver von dem weissen Hundskoth drauff streuen, soll probiert und erfahren seyn. Etliche nehmen von solchen beyden Stücken die Aesche, mischen sie mit Oel, und bestreichen den Schaden damit.

Von dem Hundsbiss, und zwar eines noch gesunden und nicht wütenden Hundes

Weil der Hund in allen Landen ein gemeines und einheimisches Thier ist, und aber mit seinem Biß (vornemblich so er wütend worden) dem Menschen sehr grossen Schmerzen, und gar Gefahr des Lebens bringen kan: Als hat dem Günstigen Leser, auff den bedörffenden Nothfall, zu behuffigem Dienste eines und das andere Kunststück auß der Artzney, so ins gemein wider solche schädliche Bisse gebraucht werden, daher, jedoch auffs kürtzeste, und zwar erstlich für den jenigen Hundsbiß, so nicht wütend ist, hernach auch eines und das andere für den wütenden Hundsbiß gesetzt werden sollen. Für den nicht wütenden Hundsbiß ist gut:

Essig, oder Wasser mit Essig gemischt, und mit einem Schwamm oder leinen Tuch auffgelegt.

Brot soll in Mangoltsafft gebeitzt, und darzu ein wenig Rosenessig gethan, und auffgebunden werden.

Vom Holder oder Attich die linden Blätter mit Gerstenmeel geknitscht als ein Pflaster.

Fenchelwurtzel mit Honig geknitscht, und als ein Pflaster auffgelegt. Deßgleichen auch Nüsse mit Zwibelen, Saltz und Honig.

Grün Potey soll mit Wein getruncken, oder mit Honig auffgebunden werden.

Wohlgemuth, Knobloch, Zwibelen, und Aesche von den Weinreben, deren mag jedes sonderlich mit Honig gebraucht werden.

Schababsaamen, Zwibelen, Blätter von Brombeerstauden, Haar von einem Mann, jedes absonderlich mit Essig.

Mandelkerne, Hundsurin, eines jeden Menschen sein eigener Urin, Feigenblätter, spitzer Wegerich, Wegerett, mag jedes insonderheit geknitscht und auffgebunden werden.

Wolgemuth, spitzer Wegerich, und Nesselkraut mit Essig gestossen und gebraucht.

Von dem Biss dess wütenden Hundes

Etliche Hunde fallen in eine Kranckheit, daß sie wütend werden, dann lauffen sie umbher als unsinnig und tobend, schonen weder Menschen noch Viehe, verletzen alles mit ihrem Biß, und mögen bißweilen weder mit Eysen noch mit anderen Waffen gedämpft werden, die Menschen, so von solchem Thier gebissen worden, werden gleichsamb auch wütend, unsinnig und toll, daß sie bißweilen bellen gleich wie die Hunde, fallen in grossen Schmerzen, und Gefahr ihres Lebens. Es läst sich auch solcher Biß offt und vielmahls nicht gleich im Anfang mercken, sondern erst nach etlichen Monaten, bißweilen auch erst nach vielen Jahren: Ist deßhalben nit zu verachten, sondern gleich anfangs mit bewehrter Artzney zu curiren und zu heylen. Solcher Gefahr nun vorzukommen, soll allhie mit wenigem angezeiget werden, erstlich woran ein wütender Hund, und hernach auch woran eines solchen Hundes Biß zu erkennen sey.

Ein wütender Hund scheuet Essen und Trincken, frist und trinckt nicht, stehet scheel, traurig und scheußlich umb sich, sein Leib wird dünn und schmal als ob er zusammen gedruckt wäre, er wirft viel schleimichten Schaum auß seinem Maul, athmet und keichet mit offenem Maul, streckt seine Zunge herauß, gleich wie sonst die Hund so hitzig und müd sind, seine Ohren und Schwantz henckt er ganz unter sich, trabet träg und faul daher, und so er anhebt zu lauffen, so ist er in seinem Lauff viel schneller, als er sonst gewohnet gewesen, solches thut er zur Unzeit, ohne Ursach, und mit ungleichem Lauff, ist durstig, trinckt doch selten, ist darbey stumm, still′ ohne Stimm, und unmutig, daß er auch seine bekannte Haußgenossen nicht erkennet, fällt Menschen und Viehe an, Bekannte und Unbekannte, henckt den Kopff gegen der Erden, sucht Einsamkeit, seine Augen werden ihm roth, andere Hunde fliehen vor ihm, und bellen ihn an, er entsetzet und förchtet sich mächtig vor dem Wasser, dermassen, daß er vorm Anschauen des Wassers sich erschüttert, und mancher bißweilen gar davon stirbt.

Bey was für Zeichen man einen wütenden Hunds-Biss erkennen möge

Man soll geknütschte oder zerdrückte Nüsse auff den Biß legen, und also einen Tag darauff lassen liegen, auff den folgenden Morgen aber dieselbigen Nüß einer Hennen oder einem Hane fürwerffen. So der Hund wütend ist gewesen, so wird sie anfangs ein Abscheuen darvor haben, so sie aber der Hunger treibt, daß sie die Nuß frist, und ist der Hundsbiß wütend, so wird sie sterben, ist aber der Hund nicht wütend gewesen, so bleibt sie gesund. So sie stirbt, so thue es über eine Zeit wiederumb, und das so lang, biß eine Henn oder Han von solchem Essen bey Leben bleibet, welches dann ein Zeichen ist, daß kein böses Giefft mehr in dem Biß verborgen stecke. Andere heissen solches auff eben dergleichen Weise mit Brod versuchen, und dasselbige andern Hunden fürwerffen, welche, wann der Hundsbiß gifftig ist, ein Abscheuen darvor haben, wo aber nicht, so wird das Brod von ihnen gefressen. Andere heissen Weitzenkörnlein in den Biß legen, biß sie von Feuchtigkeit auffgequollen sind, alsdann soll man dieselbige den Hennen fürwerffen, wie vor gedacht worden.

Die jenige, welche von einem wütenden Hund gebissen worden, nehmen ab, werden dürr und mager, bekommen ein brennend hitziges Fieber, kommen von Sinnen, haben schwere und erschröckliche Träume, Stechen im ganzen Leib, und einen hitzigen und dürren Mund, ziehen einen schweren Athem, und der Stulgang und Harn wird ihnen auch hart unnd schwer. Wann sie ein wenig Wasser ersehen, so erzittern sie, und werden unmuthig. In Summa, sie kommen vom Schlaff und von Sinnen, und sterben also in kurzer Zeit. So lang als einer der gebissen worden, sich selbst in einem Spiegel erkennet und ersehen kan, so ist noch Hoffnung zur Gesundheit vorhanden. Wo aber nicht, und der Krancke sich, wie ein Tobender auff dem Boden herumb wälzet, so ist nichts dann der Todt zu gewarten. Die Forcht vor dem Wasser kompt etlichen bey Zeiten, etlichen spat, etlichen nach viertzig Tagen, etlichen nach einem Jahr, etlichen auch erst nach vielen Jahren, nach dem daß ein solcher Gebissener voll böser Feuchtigkeit und Bluts ist. Aber dieses ist fleissig warzunehmen, daß der Biß nicht verachtet, oder für gering geschätzt, sondern mit grossem Fleiß und Ernst in Acht genommen werde. Solchem Übel nun abzuhelffen, folgen hierauff etliche von gelehrten und erfahrnen Aertzten offtmals probirte und bewehrte

Artzneyen, so für den wütenden Hundsbiss gebraucht und auffgelegt werden

Es schreiben die Aertzte, daß kein Mensch bey Leben bleibe, der von einem tollen Hunde gebissen worden, und nicht mit bewehrter und kräfftiger Artzney, wie sichs gebühret und seyn soll, versorget werde. Vor viertzig Tagen soll der Biß nicht zugeheilet werden, und ob es geschähe, soll er wieder auffgeschnitten, oder mit anderer Artzney auffgeetzet werden. Der leichteste und sicherste Weg, so von Aertzten gebraucht wird, ist, daß man den Biß brenne mit glüenden Eysen. Galenus heist den Biß biß auff das gesunde Fleisch außschneiden, und darnach, wie andere offene Schäden, heilen, solcher Rath aber gehört einem erfahrnen und gelehrten Artzte zu, und kan derhalben hie nit gründlich erzählet werden: Dargegen sollen allhie etliche andere bewehrte Stücklein folgen, die auff den wütenden Hundsbiß können gelegt werden, als da ist:

Essig, Gänßschmalz mit Honig, Knoblauch geknitscht, und auffgelegt, wilder Knobloch, bittere Mandelkerne, Hünerdarm, Schmär mit Kalch gemischt, Aesche von den gebranten Krebsen mit Essig, Hundshaar auffgelegt, und zwar, wie etliche schreiben, eben von dem Hund, so den Biß gethan hat, deßgleichen Menschenhaar mit Essig, Geyßkaat mit Wein, Baumnüß mit Saltz und Honig, Zwibelen mit Essig oder Honig, ein Pflaster von Zwibelen, Rauten und Saltz, Rebenäsche mit Honig, Roßkoth mit warmem Essig, raue Bonen gekäuet und auffgeleget, unzeitige Feigen mit Essig, Entian, ein Schälichen von einem Schwalbennest mit Essig auffgelegt, Saurampffer die Wunden damit gewäschen, und auch gestossen auffgelegt, weisser Andorn mit Saltz, Wegerich geknitscht, Aesche von den gebranten Krebsen zehen Theil, die Krebs sollen in einem küpffernem Geschirr gebrannt, und das Pulver von allen dreyen Stücken auß Wasser, alle Tag ein Löffel voll getruncken, oder auch mit Wein eingegeben, oder darbey auch zu der Zeit der Biß mit guten Pflasteren versorget werden. Es kan auch Thiriac auff den Biß gelegt werden.

Etliche Künststücklein, so für den wütenden Hundsbiss eingenommen werden

Knobloch in der Speiß gessen, Wermutwein,
Safft von Hünerdarm und Kappes in der Speiß gessen, und getruncken,
oder Zwibeln und Schnittlauch in der Speiß genossen,
und die Aesche von gebranten Krebsen,
oder über das Mäglein von einem jungen saugenden Hündlein in Wasser getruncken.
Bibergeyl aus Rosenessig getruncken,
oder über Tausendgüldenkraut, auch Gravenderlein getruncken,
auch wilde Hagrosenwurtzeln gestossen und auffgelegt,
über das Hirne von einer Hennen in Wein getruncken,
Entian getruncken und auffgelegt, Schwalbenkoth getruncken und auffgelegt,
Saurampffer, Camillen, Honig, jedes insonderheit getruncken.
Allerley Wasservögel zur Speiß gessen,
Wegerich, Rauten, Schmärwurtz jedes in Wein getruncken.

Von dem Wolff

Lupus. Ein Wolff
Lupa. Ein Wölffin

Von mancherley Geschlechte dieses Thiers, und wo es zu finden

Der Wolff ist ein rauberisches, schädliches, und frässiges Thier, wird fast von allen anderen gehasset und geflohen, ist jedermann bekannt und wird Winterszeit gar viel gefangen und gesehen. In Sardinia sollen (wie Pausanias schreibt) weder Schlangen noch Wölffe, und also auch in der Insul Creta (so heutiges Tages Candia genannt wird) deßgleichen in dem Gebürg Olimpo in Macedonia gelegen, und auch in Britannien, oder Engelland, keine gefunden werden. In Egypten und Africa sollen sie klein und faul, in kalten Landen aber groß, rauh und scheußlich seyn.

In der Eydgenoßschafft und umb die Alpen herumb werden derselbigen gar wenig gesehen, und kommen sie nur bißweilen auß Lombardey über das Gebürg daher, so bald aber einer vermerckt wird, so stürmmt man von einem Dorffe zum anderen, daß er also zeitlich mit gemeinem Hauffen gejagt und gefangen wird.

In den Orten, so umb die Alpen herumb liegen, als Reintal, Athesin, und die Graffschafft Tyrol, dergleichen umb Chur und bey den sieben Grauenpündten, werden grosse schwärtzlichte Wölffe gefunden: dieselben sind gantz starck, und köstlicher, als die anderen, wiewol auch andere von der mittel Gattung und Grösse, als wie die gemeine Wölffe sind, zum offtern mit solchen gefangen werden. In flachen und niedrigen Orten, als in etlichen Theilen deß Franckreichs sind sie viel kleiner und mehr roth; Im Schwartzwald aber sollen sie überauß groß, scheußlich und schwartz gesehen und gefangen werden. Oppianus erzählt in seinem dritten Buch, so er von dem Jagen geschrieben, fünfferley Geschlecht der Wölffe, und beschreibt ein jegliches seiner Gestalt und Natur nach also:

Das erste Geschlecht wird genennt Schützwolff, von wegen seiner schnellen Behändigkeit; Ist gantz verwegen, und am gantzen Leib rothgelb, hat runde Glieder, einen grössern Kopff, als andere Wölffe, geschwinde Beine, die grösser sind dann an den anderen, der Bauch ist weiß, mit grauen Flecken besprengt, heulet scheußlich, fällt mit grosser Ungestümme an, alles was ihm vorkompt, und schüttelt den Kopff, worinn die Augen gläntzen, als ob sie feurig wären.

Der Wolff von der andern Art wird genennt Raubwolff, ist grösser und länger als der erste, und der aller schnelleste. Dieser geht mit grosser Ungestümm deß Morgens früh auf die Jagt, weil er stäts Hunger leydet, an der Seiten und am Schwantz ist er silberfarb, und wohnet in den Gebürgen: welche wenn sie Winters Zeit mit Schnee bedeckt sind, so läst er sich herab, und kommet deß Nachts gantz unverschämter weise auch gar biß an die Stätte und in die Dörffer, weil der Hunger in treibt, schleicht ganzt heimlich, gleich wie die Diebe herbey, und stielt bey der Nacht, auß den Ställen Geysse, Gänsse, Hüner, und dergleichen.

Die dritte Gattung wohnet auf den allerhöchsten Schroffen oder Felsen und steinigten Gebürgen. Dieser Wolff ist der schönste unter allen, und wird der gülden Wolff genennt, von wegen der Farb, und seiner schönen und gläntzenden Haaren halber. Er ist auch gantz starck, hat aber seine Stärcke allein in dem Maul und Gebiß, womit er bißweilen Ertz, Steine und Eisen durchbeist: Er scheuet die grosse Hitze in den Hundstagen, als zu welcher Zeit er sich in Löcher und Hölen verbirgt, so lang biß sich die Hitz gemildert hat. Dieser Wolff scheinet dem Thier, Hyena genannt, gleich und ähnlich zu seyn.

Die von dem vierten und fünfften Geschlechte, können mit gemeinem Nahmen Booswölff genennt werden, dieweil ihre Köpffe und Hälse kurtz und dick sind und einige Gleichheit mit dem Amboos haben, über das haben sie breite Schuldern, haarichte Lenden und Füsse, kurtze und kleine Schnautzen, auch haarichte Beine, und kleine Augen: jedoch sind sie an der Farbe von einander unterschieden: dann deß einen Rücken ist Silberfarb, der Bauch weißgläntzend, und allein die äussersten Füsse schwartz: der ander aber ist gantz schwartz, und kleiner, hat allenthalben schlechte aufgereckte Haar, und greifft fürnemlich die Hasen an.

Von innerlicher Gestalt dieses Thiers

Der Wolff hatt sehr scharffe, gleissende und feurige Augen, siehet scheel über Eck, und hat ein starckes Gebiß, sein Halß ist dick, und soll von einem gantzen Beine seyn, deßwegen er sich nicht umbwenden oder hinter sich sehen kann, er kehre dann den gantzen Leib herumb.

Die Leber des Wolffs ist gleich wie ein Roßfuß oder Klauen: und seine vorderen Füsse oder Pfoden haben fünff, die hinderen aber nur vier Klauen.

Von Natur unnd Eigenschafft dieser Thiere

Etliche haben die Wölffe wilde Hunde genennt, dieweil ein Wolff sich mit der Gestalt, mit Heulen und Bellen den Hunden vergleichet, hat sonst scharpffe und gläntzende Augen, dannenhero er auch bey finsterer Nacht siehet, so daß er herumbschweifft und jagt, weil er mit seinem starcken und scharpffen Geruch ein Aaß oder andere seine Speisse, wol bey einer halben Meile weit von ferne riechen kann. Er heulet schröcklich, sonderlich wenn er hungerig ist: wenn er anhebt zu heulen, so heulen sie allzumahl so viel ihrer beysammen halten. Sie sind gar gefrässig, und fast unersättlich, fressen und verschlucken das Fleisch schier gar mit Bein und Haar, und geben auch vielmahl solche Stücke gantz wiederum von sich: wenn sie einmahl satt worden, so können sie drey Tage darnach fasten. Wann sie Hunger leiden, so sind sie böß und wütend, und ob sie gleich bey den Menschen erzogen worden, so hassen sie doch jedermann: sonderlich wann sie fressen, da wollen sie gleichsam nicht angesehen seyn. Wenn ein Wolff mit Speiß gesättiget ist, so wird er gantz mild, und unschädlich, ob er gleich mitten durch ein Heerde Schaaff oder anderes Vieh getrieben würde, welches auch von dem Löwen, als dem König aller Thiere geschrieben wird. Wenn sie über einem Raube sind, und ihnen indessen noch ein anderer aufstöst, so greiffen sie denselbigen an, und verlassen den ersten, gleich als ob sie seiner vergessen hätten: sie fressen sonst kein Kraut, sie werden dann durch Kranckheit darzu getrieben, da sie dann die Kräuter, als eine Artzney gebrauchen, auff daß sie sich übergeben mögen.

Von der Vermehrung der Wölffe

Die Wölffe mehren sich in der Art und Weiß wie die Hunde, deß Jahrs nicht mehr dann ein mahl, und solches Werck währet 12. Tage, sie heben an nach Weihenacht, und gebehren mit angehendem Sommer, der Jungen viel, und zwar blind gleich wie die Hunde.

Man sagt ins gemein, der Wolff gebehre neun Junge, und unter solchen sey der, so zu letzt und im Alter geboren wird, ein Hund: Solchen nun zu erkennen, führe die alte Wölffin die Jungen allesammt zu dem Wasser, welcher denn lappe gleich wie ein Hund, denselbigen verwerffe sie.

Die Churer oder Reinthaler sagen, daß sie daselbst an ihrem Orte die jungen Wölffe auß den Hölen holen, wenn der May anfange, und deren bißweilen sieben oder neune, von einer Wölffin gebohren werden. Sie erzehlen noch ferner und sagen, die Wölffin werffe das erste mahl nur eines, zum andern zwey, zum dritten drey, also weiter fort je länger je mehr, nach der Zahl der Jahren, biß auff zehen Jahr, als dann werde sie unfruchtbar.

Die Hunde und Wölffe rammelen auch bißweilen mit einander, gleich wie hiebevor von den Füchsen und Hunden erzählet worden, und darauß sollen sehr kühne und schöne Hunde entspringen. Solches soll gar offt in Morenland geschehen, wovon dieselbigen Hunde Crocute genennt werden.

Wie viele Jahre ein Wolff lebe

Die Löwen und Wölffe leben lange Jahr, dasz sie auch vom Alter gar rotzig und garstig werden, und böse Zähne bekommen, auch dieselbigen gar verliehren; alsdann werden sie ihres eignen Lebens überdrüssig und leichtlich gefangen, stürtzen sich auch selber in Gefahr deß Lebens und zu todte.

Von angeborner Natur und Verschlagenheit der Wölffe

Ein dapfferes, männliches, kühnes, auffsetziges, listiges, und räuberisches Thier ist der Wolff, wenn ihn der Hunger treibt, so erwürgt er alles was er bekompt, so er aber ersättiget, so ist er, gleich den Schaaffen, sanfftmüthig und thut keinen Schaden.

Wann die Wölffe in eine Grube gefallen, oder sonst mercken, daß sie beschlossen oder umgeben sind, sollen sie gantz erstarren, forchtsam seyn, und niemands verletzen.

Dann es hatt sich einsmahls in Italien, nicht weit von Meyland, begeben, daß ein Wolff den die Hungersnoth darzu gezwungen, zu einem Meyerhoff kommen, und in die Stube hinein getretten, in welcher die Meyerin sampt den Kindern war, welche hierüber dermassen erschrocken, daß sie die Kinder verlassen, heraußgeflohen, die Thür nach ihr zugeschlagen, und dem Meyer zugeschrien, daß ein Wolff in der Stuben wäre, welcher da er darzu kommen, soll er den Wolff gantz forchtsam und zitternd stehend gefunden haben, ohne daß er einigen Schaden gethan.

Ein andere Histori beschreibet der hochgelährte Mann Justinus Gobler, die sich bey seinen Vatter zugetragen, auf diese Weise:

Es begab sich, daß, als sein Vatter, der sonderliche Lust und Belieben zum Jagen hatte, etliche Gruben und Löcher machen lassen, umb allerley Wild darinnen zu fahen, auff eine Nacht drey oder vier wiederwärtige und ungleiche Thiere in eine solche Grube fielen; das erste war ein altes Weib, welches gegen Abend auß einem Garten kommen, und Kraut, Rüben und Zwiebeln heim tragen wollen: die übrigen aber waren ein Fuchs und ein Wolff. Alle diese dreye blieben jegliches an seinem Orte, wohin sie gefallen, und hielten sich die gantze Nacht stille, vielleicht auß Furcht, ja selbst der Wolff, der doch das grimmigste unter ihnen war, war nun ein sanfftmüthiges Schaaff worden, und that keinem kein Leid, nichts destoweniger war das Weib, als das verständigste, von Furcht und Schröcken, gantz grau und kraftloß worden, und mehr einem todten als lebendigen Menschen gleich. Wie nun der Vatter, deß Morgens früh, nach seiner Gewohnheit, und auß Begierde nach dem Wilde, die Gruben zu besichtigen außgeht, ersihet er diesen einen wunderbarlichen Fang, erschrickt darüber und spricht doch dem Weibe zu, welches durch solche Menschen Stimme gleichsam als vom Todte erwachte und ein wenig zu sich selber kam. Der Haußvatter sprang, als ein behertzter Mann, hierauf in die Grube, und stach erstlich den Wolff, den Fuchs aber schlug er zu todte, und das halb-todte Weib nahm er auf seine Achsel, trug sie auff einer Leiter auß der Grube, und brachte sie wieder nach Hause, mit höchster Verwunderung, daß ein so schädliches und gefrässiges Thier, als der Wolff, beydes deß Weibes und auch deß Fuchses verschonet hatte.

Der Wolff kennt den, von welchem er verletzt worden, und begehrt sich an ihm zu rächen, wenn es auch lange Zeit hernach geschehen sollte.

Wiewol der Wolff ein räuberisches und gefrässiges Thier ist; So hat er doch seine Jungen lieb, daß er sie speiset, beydes die Alten und die Jungen.

So listig ist der Wolff, daß, wenn er grosse Thier anfallen will, er sich zuvor mit Erde außfüllet, damit er desto schwerer seyn und von dem Thier nicht so leichtlich hingeschüppt, hingegen das Thier, so er anfällt, von der Bürde desto zeitlicher müd gemacht werden möge. Die, so Hörner haben, greifft er von hinden zu an, und wenn er durch einen Zaun schlüpffen will, ein Schaaff anzugreifen, und mit einem Fuß ein Geräusch macht, so beist er in denselbigen, als der Ursach gewesen, daß ihm der vorgewesene Raub entgangen.

Wenn der Wölff viel beysammen und auch viel Hunde oder Hirten bey der Heerde sind, so greifft ein Theil die Hunde an und der andere Theil die Heerde Schaaffe an.

Damit die Wölffe wann sie über einen Fluß oder Wasser schwümmen wollen, nicht von dem starcken Flusse oder grossen Wellen verzogen, und under gesenckt werden, so erfast je einer den andern bey dem Schwantz mit seinem Gebiß, und schwümmen sie also, nach der Ordnung, sicher hinüber.

Die Löwen und Wölff, wie grimmige Thiere sie auch immer seyn, so verschonen sie doch allezeit der Menschen, wenn sie andere Thiere zum Raub haben können, nur allein die Allten, als welche Schwachheit und Faulheit halben, andere Thiere nicht erjagen noch bekommen können, greiffen die Menschen an, und zwar am allermeisten junge Kinder. Dann ist es auch in unseren Landen gefährlich, zur Winterszeit, in tieffem Schnee und grosser Kälte zu reysen, von wegen der Wölffe.

In Tartaren sollen etliche zahm gemachte Adler so kühn seyn, daß sie auch die Wölffe mit grosser Ungestümm angreiffen, und so lang plagen und verletzen, daß sie ohne Müh von den Menschen können gefangen werden.

Wenn der Wolff den Menschen zum ersten ersiehet, so erstarret der Mensch darüber, und die Sprach entfällt ihm davon.

Wenn aber der Mensch den Wolff zum ersten ersiehet, so erstarret der Wolff, und zittret vor Forcht und Schröcken.

Wann die zahmen vierfüssigen Thiere ein außgerissenes Wolffsaug ersehen, so fliehen sie vor Forcht, und wann der Schwantz vom Wolffe an ihre Krippen gebunden wird, so fressen sie nicht weiter.

Dargegen soll der Wolff den Igel förchten und vor ihm fliehen, und die Fell oder die Wolle von solchen Schaaffen die von den Wölffen erbissen worden, sollen zeitlich Leuß bekommen, und so ein Wolffsbeltz zu einem Schaafs-Beltze gehenckt wird, sollen die Haar vom Schaafs-Beltz außfallen.

Es soll vor diesem einsmahls in einem Walde, nahe bey Basel, geschehen seyn, daß ein Drommelschläger dadurch gangen, und seine Drommel getragen, welchem ein Wolff nachgefolget, als nun der Drommelschläger denselbigen nit mit Steinen verjagen konnte, fiel er ohngefähr nieder auf die Erde, von welchem Fall die Drom-

mel erschallete, und der Wolff von dem Gethön anfieng zu weichen. Als der Drommelschläger solches gesehen, hat er mit rechtem Ernst angefangen, die Drommel zu schlagen, und damit das Thier weit von sich verjaget. Solches Drommeln sollen auch die Bären fliehen.

Deßgleichen fliehen sie auch das Gethön und Klingen, so von Schwertern gemacht wird; Item das Feuer, weßwegen etliche zur Winterszeit, wenn sie bey tieffem Schnee, oder grosser Kälte reysen, zween Feuersteine bey sich tragen, damit, wenn ihnen ein Wolff begegnet, sie Feuer schlagen können, welches wenn es der Wolff ersiehet, fleucht er davon, und begehret keinen Schaden zu thun. Item, wenn einer einen Stecken, eine Rute, oder Täsche an einem Gürtel, Seyl, Hosenband und dergleichen nach sich zeucht, so begehren sie auch nicht sich zu demselbigen Menschen zu nahen.

Was für Nutzbarkeit von den Wölffen herkomme

Wiewol der Wolff nit umsonst, und nit ohne gar keine Nutzbarkeit gefangen und getödet wird, so ist doch der Schad, den er bey seinem Leben Menschen und Vieh anthut, viel grösser, weßwegen im, so bald man ihn spühret, ohne Verzug, von männiglichen nachgestellt wird, biß er entweder mit gewissen Instrumenten oder Gruben, Gifft und Aas, oder mit Wolffsfallen, Angeln, Stricken, Garnen und Hunden, Geschoß und dergleichen gefangen und getödtet werde. Unter anderen wird ihnen ein solche Beitze zubereitet.

Man soll eine getödte, geschundene, unnd außgenommene Katz in einem heissen Ofen braten, und mit mit ein wenig Honig bestreichen: darnach junge Frösche, so Roßköpffe od´ Hauptbrüchel genennet werden, auf einer Glut brennen, und zu Pulffer stossen, damit die Katz besprengen und an einem Seil, an solchen Orten wo man vermeynt, dasz Wölffe oder Füchse da seyn, hinder sich nach schleiffen, wenn dann diese Thiere solchem Geruch nachspühren, soll einer hinden nach Acht haben, und sie mit Geschoß oder Büchsen erlegen.

Auß den Wolffshäuten werden auch Beltze gemacht, dieselbigen sollen für Hitze, Frost, Regen, Wasser, Wind und Kälte, gar gutt seyn.

Vom dem Fleisch dieser Thiere

Wolffsfleisch wird, gleich wie aller anderer räuberischer Thiere Fleisch, so Klauen haben, und Fleisch fressen, von keinem Menschen gessen, dieweil es eine ungesunde, dürre, böse, und melancholische Speiß und Nahrung ist. Doch soll ein Volck in Italien, Insubres genannt, solcher Thiere Fleisch essen.

Etliche Stücke der Artzney, so von solchem Thiere herkommen

Zu dem Podagra wird gelobt ein lebendiger Wolff oder Fuchß in Oel gesotten. Sein Blut und Koth stillet das Grimmen im Bauche. Das Wolffsschmalz ist nicht weniger bräuchlich, als das Hundsschmalz, und wird von etlichen neuen Aertzten under die jenige Artzneyen, so zu den Gelencken zubereitet werden, gemischt. Die Wolffszähne helfen den mondsüchtigen Menschen, und machen die jungen Kinder ohne Müh zahnen. Die Wolffs Lunge wird gebraucht zu den Keichenden. Das Wolffsherz, wenn es aufgehoben wird, soll es einen überauß starcken und angenehmen Geruch bekommen. Gebrannt und gestossen, vertreibt es die fallende Sucht.

Die Wolffsleber wird sehr gelobt zu dem Gebrechen der Leber, und in etliche Artzneyen von berühmbten Aertzten gesetzt. Mehr wird sie gebraucht zu dem Husten, wie auch solchen Leuten, so ohne Ursach abnehmen und Wassersüchtig sind.

Der Wolffskoth auß weissem Wein getruncken, oder sonst mit einem Riemen oder Band angehenckt, oder auff die Lenden oder Arme gebunden, ist gutt denen, so das Bauchgrimmen haben.

Von diesen Stücken schreibet also Becherus.

Das frässig wilde Thier der Wolff kompt auch herbey,
Giebt sieben unnd ein Stück zur Apoteckerey:

1. Den Wolffszahn pfleget man in Silber einzufassen,
   Den Kindern angehängt, die Forcht sie fahren lassen.
2. Wolffs-Därm gedörret thut zum zarten Pulver reiben,
   Nemmt eine Drachmam ein ein, die Colick thuts vertreiben.
3. Wolffs-Hertz getrocknet, und zum Pulver wol bereit,
   Ein Drachmam dessen braucht, es stillt das böse Leyd.
4. Wolffsleber tröcknet erst, thuts dann zum Pulver machen,
   Sie dient in Wassersucht, und in dergleichen Sachen.
5. Wolffs-Koth der wird auch wol in Wasser eingenommen,
   Ein Drachma denen hilfft, die Colicam bekommen.
6. Die Bein von einem Wolff, die thut zum Pulver machen,
   In Wunden streuets man, und in dergleichen Sachen.
7. Man thut auß Wolffs-Haut auch ein breiten Gürtel schneiden,
   Und trägt ihn umb den Leib, kein Grimmen thut er leyden.
8. Wolffs-Fett das thut in Krafft dem Hunds-Fett nicht viel weichen,
   Ist gutt in Glieder-Weh, und in dergleichen Seuchen.

Der Wolff wird auch wütend, gleich wie ein Hund, und beschädiget mit seinem Bisse Menschen und Vieh, solchen wird geholffen mit eben dergleichen Artzneyen, wie oben unter der Beschreibung deß Hundes für den wütenden Hundsbiß beschrieben worden.

Von dem Indianischen Wolff
Xoloitzcuintli. Lupus Mexicanus. Ein Indianischer Wolff

Dieses Thier beweist auß seiner gantzen Gestalt ein grausames und grimmiges Gemüth: Hat scheußliche und feurige Augen, ein blutrothes Maul, und Zahnfleisch, seine Zähn stehen ihm gantz auß dem Maul, und sonderlich die Hundszähn, an dem obern Maul hat es starcke Haar fast wie die Igel. Sein gantzer Kopff ist Aschenfarb, hat lange spitze Ohren, einen fetten Halß worauff er einen grossen gelben Flecken, dergleichen auch einen auff der Brust hat; Sein gantzer Leib ist Aschenfarb mit gelbbraunen Flecken durchmischet, oben vom Rücken biß zum Bauch ist der gantze Leib mit schwartzen Striechen gestreiffet. Hat einen langen Schwantz, so gantz aschenfarb, worauff aber ein brauner Flecken gesehen, so sich nach und nach verliehret. Seine Bein sind auch aschenfarb und schwartz, hat an dem vordern Fuß 4. an dem hindern 5. Klauen.

Von denjenigen Thieren, welche von den alten Scribenten under das Geschlecht der Wölffe gezählt werden, und zwar erstlich

Vom Geschlecht der Wölffe, so Thoes bey den Lateinern genannt werden

Thoes ist ein Geschlecht der Wölffe und denselbigen gantz gleich, jedoch länger aber kürtzer von Beinen; Sie verwandlen ihre Farb und Haare nach deß Jahres Lauff: Dann zur Winterszeit werden sie haarig, zur Sommerszeit aber ohne Haar, und bloß gesehen, sind sonst gantz schenll, ob sie gleich kurtze Beine haben, und können der Flecken halben kleine Panterthiere genennet werden.

Von Natur unnd Eygenschafft dieses Thiers

Das Thier Thos macht überauß geschwinde Sprünge, behilfft sich mit Jagen, dann es ist starck, schnell und geschwind, ob es gleich kurtze Beine hat. Seine Jungen kommen blind zur Welt, sie werffen gleich wie die Hund und Wölffe, 2. 3. oder 4. auf einmal: Sie vermischen sich eben auch bißweilen mit den Hunden, daher dann schöne und muthige Hunde entspringen.

Von angebohrner Geschickligkeit dieses Thiers

Die Thoes sollen den Menschen gar sehr lieben, im wenigsten nicht beschädigen noch versetzen, auch gantz nicht förchten, sondern vielmehr verehren, und wann der Mensch von anderen schädlichen Thieren umbgeben ist, so sollen sie denselbigen beschützen.

Die Thoes kämpffen wider die Löwen und Hunde, auß welcher Ursach solche Thiere nicht an einem Ort gefunden werden.

Von dem Grim-Klau
Lupus Scythicus. Grim-Klau

In den äussersten Orten deß Landes Scandinaviae, wird ein Thier gefunden, so groß als wie ein Wolff, welches allezeit uberauß grimmig und zornig ; Dieses Thier wird von wegen seinen grimmigen und scharpffen Klauen, wie auch von seiner grausamen und zornigen Gestalt ein Grim-Klau genennet.

Von dem Vielffrass Hyaena. Grabthier

Von seiner Gestalt

Der Vielfraß soll billich unter das Geschlecht der Wölffe gezählet werden, dieweil er sonst obwol noch unbekannt, doch die vornehmsten Eigenschafften mit den Wölffen soll gemein haben, als die Grösse und Gestalt deß Leibes und der Zähne, die Frässigkeit, und die räuberische Natur, und die Zeit deß Raubens, welches bey Nacht geschicht.

Der Vielfraß ist nicht kleiner dann der Wolff, und von gleicher Farbe, nur daß er mehr Haare hat, und durch den Ruck-Grad her, mit lauter harten Haaren als Schweins-Borsten gestutzet ist. Der Leib ist gantz scheußlich, voller blauer Flecken, die Augen sehen auch scheußlich auß, worinnen das Thier die Farbe ohne Unterlaß ändert nach seinem Gefallen; Es hat ein starrendes und unbewegliches Genicke, gleich wie ein Wolff oder Löwe; In seinem Kopffe aber wird ein Edel-Stein gefunden, von edler Tugend. Etliche schreiben, daß seine Augen sich nach seinem Tode in Steine verwandelen.

Von Natur und Eigenschafft dieser Thiere

Unter allerhand todten Cörpern, sie seyn gleich vom Vieh oder von Menschen, suchen die Viel-Frassen oder Grab-Thiere ihre Speisse, seyn auch so begierig nach dem Fleische der Menschen, daß sie auch den Gräbern nachgehen sollen. Bey der Nacht haben sie ein scharpffes Gesichte, da sie doch bey Tag desselbigen schier beraubet sind; Sie können mit ihrer Stimme und Kotzen der Menschen Ruffen und Husten nachahnen, und haben ihr Männ- und Weibliches Geschlechte, wie Aristoteles berichtet.

Von angebohrner Art und Verschlagenheit dieser Thiere

Es ist der Vielfraß ein arglistig und räuberisches Thier, und zwar das Weiblein mehr als das Männlein, wannenhero auch das Männlein leichter gefangen wird als das Weiblein.

Welches Thier der Vielfraß zu dreyen mahlen ersehen hat, das erstaunet, und kan sich nicht mehr bewegen, und welcher unter den nachjagenden Hunden von seinem Schatten überschattet wird, der erstarret auch und kan nicht mehr bellen.

Der Vielfraß ahnet dem Ruffen und Husten der Menschen nach, und locket also die Hunde zu sich, daß er sie fresse.

Wann er gejaget wird, so wendet er sich gemeiniglich ab auff die rechte Seite, und siehet daß er in deß Jägers Fußtappen kommen möge, welcher darvon taub, unlustig, steiff und kranck wird: Dann in seinem rechten Tappen hat er eine so starcke Krafft entschlaffend zu machen, daß er auch die Menschen, welche er sonst schlaffend sind, dermassen einschläffert, daß sie ohn Empfindlichkeit ligen, und ihm zum Raube dienen müssen.

Weiter soll er auch bißweilen die Namen der Menschen erlernen, ihnen deß Nachts darmit ruffen, und sie auß den Häussern zu ihm herauß locken, und also listiglich umbbringen, welches aber nicht zu glauben ist.

Eine so merckliche Forcht und Abscheu hat das Panterthier vor dem Vielfraß, daß es ihm auch gar nicht stehen bleiben darff.

Etliche Stück der Artzney, so von solchem Thier herkommen sollen

Wann man die Hyaenam in Oel siedet, und die Podagramischen darein setzet, alßdann wird den Krancken gewißlich geholffen.

Sein Blut heilet den Aussatz, wann es warm darauff geschmieret wird.

Sein Marg mit Oel, und mit seiner Gallen angeschmiert, ist gut zu allen Schmertzen der Nerv-Adern.

Die Galle dieses Thiers ist eine von den stärckesten Gallen, so man haben kan, und wird gebraucht zu solchen Artzneyen, so zu den Augen und zu dem Gesicht zubereitet werden.

Von dem Indianischen Vielfrass Dabuh. Hyaenae Congener. Ein Vielfrass

Leo Africanus gedencket eines Thiers so in Arabien Dabuh, in Africa Sesef genennet werde, und von Gestalt einem Wolff gleiche. Gräbet auß, und frisset die todten Cörper: Seines Bluts sollen sich die Jäger bedienen: und mit Honig sonderlich zubereitet auff grosse Gastereyen und Hochzeiten vorgestellet werden. Das Fett ist gut in Geschwär. Auß den Därmen werden Seiten gemacht. Wann die Klauen von diesem Thier nur den Hunden oder Katzen vorgehalten werden, fliehen sie. Wann man sie anhänget, sollen sie wider das Ohren-klingen seyn. Wegen Schönheit werden ihre Fell zu der Kleidung gebraucht, und sonderlich der vornehmsten Leuth, deßwegen verbotten, solche auß dem Lande zu führen. Es wird, zwar ungläublich, von ihnen erzählet: Daß denen, so nicht weit von diesem Thier schlaaffen, träumen sollte, als wann sie stätig und immerfort essen, und dergleichen.

Von dem Ber-Wolff, oder Papyon. Papio, idem animal forte cum Hiaena, de qua jam diximus. Eine Art dess Vielfrasses, Babuin Ein Nacht-Wolff. Ein Hunds-Wolff. Ein Affen-Wolff, oder Ber-Wolff

Von äusserlicher Gestalt dieses Thiers, und wo es zu finden

Dieses Thier wird in den grossen Indianischen Einöden, jedoch gar selten gefunden, und bißweilen von den Landfahrern, und also genandten Quacksalbern auff die Messen und Jahr-Märckte gebracht: Selbiges hat an seinen Füssen Finger als wie ein Mensch: Und wann man ihm mit einem Finger dräuet, oder deutet, so kehret es den Hindern dar.

Von Art und Natur dieses Thiers

Dieses Thier ißt Aepffel, Birn und allerley andre Früchte, auch Brod, und trinckt insonderheit gern Wein. Wann es hungerig ist, so steigt es auff die Bäume, und schüttelt die Früchte herab. Wann es einen Elephanten unter dem Baum siehet, so läßt es ihn bleiben, aber alle andere Thiere kan es nicht dulden, sondern streitet mit denselbigen, all sollte es auch von den allerstärckesten, als Löwen, Bären, und dergleichen seyn, und treibt sie von dannen: Ist von Natur freundlich, vornemlich gegen die Weibes-Bilder, gegen welche er seine Freundlichkeit auff vielerley Weise bezeiget.

Das Weibelein von diesem Geschlechte gebieret allezeit zwey, und zwar ein Paar, nemmlich ein Männlein und ein Weiblein. Ist das rechte, wahre und eigendliche Thier, welches die Alten Hiaena genennet haben.

Von einem andern Vielfrass
Gulo, apud recentiores, Lupis aut Hiaenis cognatus, ut videtur
Ein Vielfrass

Von dieses Thiers Gestalt, und wo es zu finden

Diese Thiere werden in Schweden und Littau weit gegen Mitternacht gefunden. Die Grösse gleichet einem Hunde, Ohren und Angesicht aber einer Katzen, die Füsse und Klauen sind gantz scharpff, der Leib ist sehr starck gehaaret, und der Schwantz wie an einem Fuchse.

Von Natur und Eygenschafft dieses Thiers

Dieses Thier ist überauß gefrässig, daß es nit zu glauben ist, sonderlich hat es grosse Begierde und Lust zu dem Menschenfleisch, von welchem es sich so voll frist, daß ihm sein Leib davon gespannet wird, worauff es sich zwischen zwey enge beysammen stehende Bäume durchstreifft, und seinen Koth heraußdrücket, nach diesem frist es sich wieder voll, und drückt es auch gleicher massen wieder auß, und das thut es so lang und viel, biß es nichts mehr hat, und andere Menschen-Cörper zu suchen gezwungen wird.

Von der Nutzbarkeit dieser Thiere

Die gröste Nutzbarkeit von diesen Thieren ist ihr Fell oder die Haut, welche zu dem Beltzwerck gebrauchet, selbiges aber allein von grossen und reichen Leuten getragen wird, weßwegen die Jäger ihm desto embsiger nachgehen.

Von dem Meerwolff
Lupus Marinus. Ein Meerwolff

Von seiner Gestalt

Diese Art der Wölffe ist keinem unter den alten Scribenten bekannt gewesen, und erst nach Ihnen bey dem Teutschen Meer an dem Britannischen Gestad gesehen worden: Seine Gestalt ist dem irrdischen Wolffe sehr ähnlich, der Kopff groß, die Augen sind mit viel langen Haaren besetzt, und die Nase und Zähne wie an einem Hunde, und bey dem Maule hat es einen starcken Bart. Seine Haut ist von übersich stehenden Haaren rauch, und voll schwartzer Flecken; Der Schwantz länglicht, und dick von Fleisch und Haaren, im übrigen aber ist er der Gestalt nach dem Wolffe gleich. Ist gleichfalls ein überauß fettes Thier. In seinem Magen werden mehrerntheils Steine gefunden: Dieses Thier hält sich auch und zwar mit grosser Menge in Dalmatien auff, deßgleichen werden sie auch gesehen in der Insul Peru.

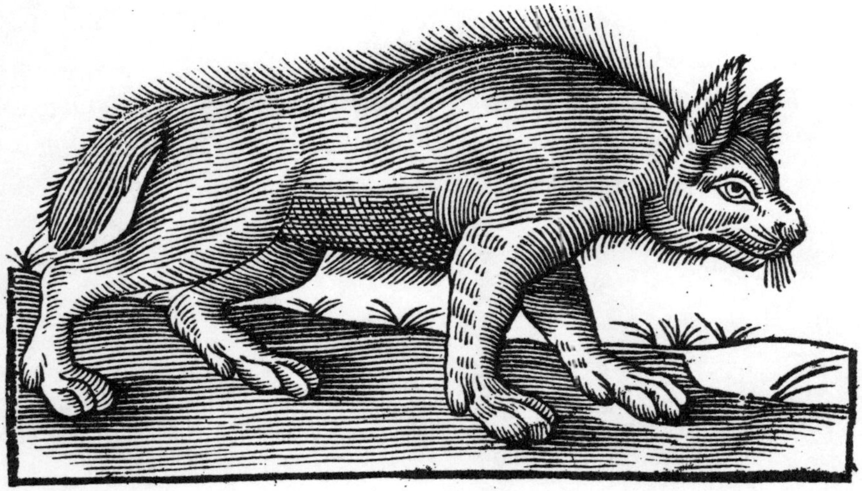

Von innerlicher Art unnd Gebrauch dieses Thiers

Der Meerwolff soll diese Natur und Art an sich haben, daß er theils vom Wasser, theils von der Erden lebe, jedoch sich mehrerntheils mit Fischen ersättige. Wann er zahm gemacht wird, soll er ziemblich lange leben. Es sollen diese Wölff eine grosse Feindschafft mit den Vögeln Buitri genannt, haben, von welchen sie auch zuweilen sollen umbgebracht werden: Diese Vögel haben Flügel 15. Schuhe lang, wann sie außgezogen werden, derer sie sich mit Schlagen wider den Wolff bedienen. Die grosse und alte Wölff sollen brüllen wie die Löwen, die jungen aber wie Geyssen blecken. Ihre Leber soll gut zu essen seyn. In Dalmatien sollen die Leute dieses Fleisch so wol frisch als gedörrt vor gesund halten. Ihre Häut werden zur Kleydung gebrauchet.

Beautiful Joe ist ein zeitloser Klassiker, der erstmals vor 116 Jahren in Kanada erschienen ist. Erzählt wird die Geschichte eines misshandelten Mischlingshundes, der von einem entschlossenen und mutigen Jungen gerettet wurde. Beautiful Joe wird von der Familie des Jungen gesund gepflegt und setzt sich später mit seinem Leben für seine Familie ein.*

Margaret Marshall Saunders
Beautiful Joe
Der Hund, der die Menschen verändert hat

ca. 150 Seiten, Sept. 2008
ISBN 978-3-86671-043-6

Beautiful Joe *beruht auf einer wahren Begebenheit, die die Autorin aus der Perspektive des Hundes erzählt. Er wurde tatsächlich von der Familie der Autorin aus den Händen eines sadistischen Bauern gerettet. Seine Geschichte hat Millionen Menschen berührt und seither grundlegend die Einstellung zu Tieren, die unser Leben begleiten, verändert.*

»Teilweise schräge Fotos von beiden: hochklassige Autoren und ihre Gefährten.«
Myself

»Nach einiger Erfahrung mit Hunden halte ich es für möglich, daß wir von Tieren so viel lernen können wie sie von uns.«
Aus der Einleitung von Martin Walser

Jürgen Christen
Musen auf vier Pfoten
Schriftsteller und ihre Hunde

128 Seiten, 2008
ISBN 978-3-86671-032-0

»Die amüsanten Texte … werden ergänzt durch herrlich inszenierte Fotos – die viel über die Menschen aussagen.«
Münchner Merkur